图书在版编目（CIP）数据

欧洲女性 /（瑞士）荣格著；于洋译. -- 北京：中央编译出版社，2024. 10. -- ISBN 978-7-5117-4752-5

Ⅰ. B844.5

中国国家版本馆CIP数据核字第2024ZD4707号

欧洲女性

责任编辑	周孟颖
责任印制	李 颖
出版发行	中央编译出版社
网 址	www.cctpcm.com
地 址	北京市海淀区北四环西路69号（100080）
电 话	（010）55627391（总编室） （010）55627318（编辑室） （010）55627320（发行部） （010）55627377（新技术部）
经 销	全国新华书店
印 刷	佳兴达印刷（天津）有限公司
开 本	880毫米×1230毫米 1/32
字 数	30千字
印 张	4.125
版 次	2024年10月第1版
印 次	2024年10月第1次印刷
定 价	48.00元

新浪微博：@中央编译出版社　　微　信：中央编译出版社（ID: cctphome）
淘宝店铺：中央编译出版社直销店（http://shop108367160.taobao.com）
　　　　（010）55627331

本社常年法律顾问：北京市吴栾赵阎律师事务所律师　闫军　梁勤
凡有印装质量问题，本社负责调换。电话：（010）55627320

写在前面

荣格的《金花的秘密》和《未发现的自我》在我社出版后，引起国内读者的广泛关注，其中不乏心理学爱好者、心灵探索者，以及荣格心理学的研究者。

这两本书之所以广受关注，原因正如它们的名字所指出的——"秘密""未发现"，这是荣格向人类发出探索潜在奥秘的邀请。荣格曾感叹，在人类历史上，人们把所有精力都倾注于研究自然，而对人的精神研究却很少，在对外界自然的探索中，人类逐渐迷失自我，被时代裹挟，被无意识吞噬……

为了更好地向读者介绍荣格心理学，我社

选取荣格文献中的精华篇章，切入荣格关于梦、原型、东洋智慧、潜意识、成长过程等方面的心理问题、类型问题、心理治疗等相关主题内容，经由有关专家学者翻译，以"荣格心理学经典译丛"为丛书名呈现出来。此外，书中许多精美插图均来自于不同时期荣格的相关著作，部分是在中国书刊中首次出现，与书中内容相配合，将带给读者不一样的视觉与心灵冲击。

多年来，我社注重引进国外有影响的哲学社会科学著作，其中有相当一部分是心理学方面的著作，目前已形成比较完整的心理学著作体系，既有心理学基础理论读物，又有心理学大众普及读物，可谓种类丰富、名家荟萃。我们希望这套丛书的推出，能够为喜欢荣格心理学的读者和心理学研究者，提供一套系统、权威的读本，也带来更好的阅读体验。译文不当之处，敬请批评指正。

出版说明

《欧洲女性》（*Die Frau in Europa*）是荣格少有的论述女性话题的精彩篇章，最初于1927年在柏林问世。这篇文章是他的重要作品，也是研究当代心理学和女性问题的学者不可忽视的一部经典。《欧洲女性》全文以德语写就，荣格以"超越性别程式与怨恨，也超越幻想和理论"的视角观察并分析女性，论述了欧洲女性随着社会的进步，在职业、婚姻家庭和两性关系中发生的角色变化。荣格不仅讨论了女性在现代社会中所面临的实际问题，还深入分析了她们的精神冲突及其象征意义。

众所周知，荣格探索的是极少人前往的无

意识地带，在他的作品中，象征、原型等意象经常被用来表达其深邃的思想，因此，他的语言往往晦涩难懂。为更好地传递其作品的真实意蕴，我社特邀优秀的德语专业语言学者翻译了该篇文章。译文通俗流畅，深入浅出，将荣格复杂的心理学理论以浅显易懂的方式表达出来，读来毫不费力。针对文中的重难点内容，译者对其进行了注释，以帮助读者加深理解。

除了《欧洲女性》这篇文章，我们还精选了荣格的多幅珍贵手绘作品，形成作品集纳入本书中，以飨读者。这些手绘作品同他的语言一样具有影响力，它们是荣格个人梦境与心灵追寻历程的记录。

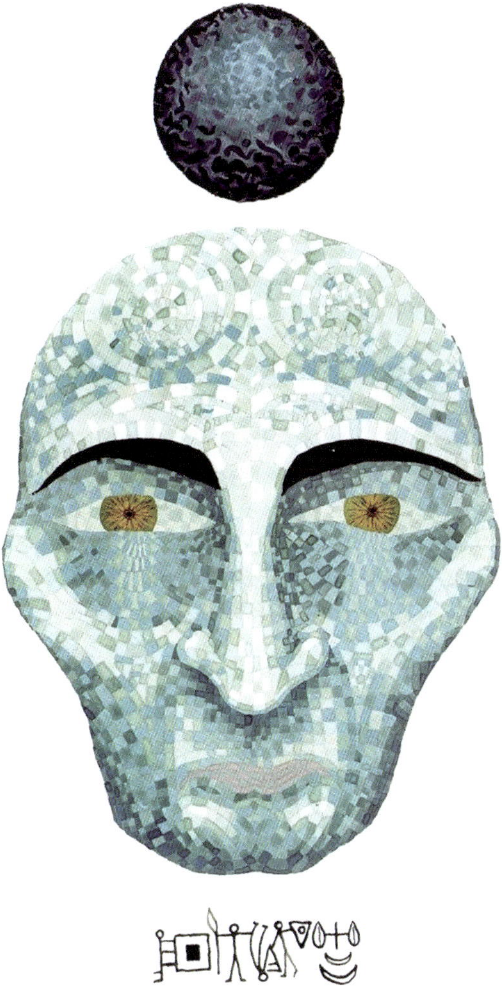

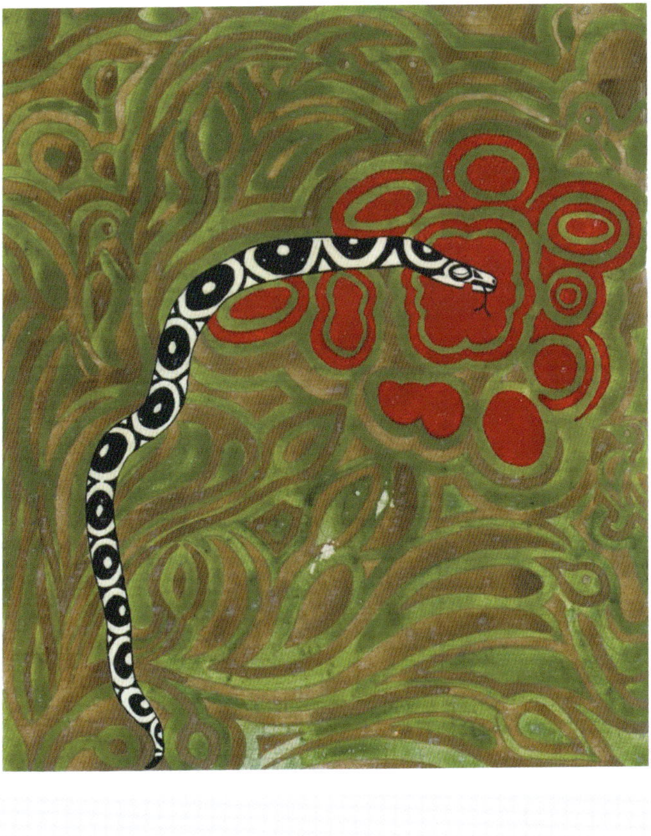

目录
CONTENTS

欧洲女性 ·· 001

荣格手绘作品集 ······································· 051

欧洲女性

最初发表于《欧洲评论》（柏林，1927年），后由《新瑞士评论》出版社出版（苏黎世，1929年）。

本题目的相关撰写工作承蒙罗汉王子（Prinz Rohan）鼓励，特此鸣谢。

你自诩是自由的？我倒想听听你有主见的想法，而不是听你说自己摆脱了桎梏。

你是个有资格摆脱桎梏的人吗？有那么一些人，在抛弃自己劳役资格的同时，也抛弃了自己的终极价值。

——《查拉图斯特拉如是说》

书写当代欧洲女性是一种冒险之举，若非迫不得已，我大概不会付诸行动。谈到欧洲，我们有什么实质性的东西可说吗？有什么人会超然其上呢？难道不是人人都在深度参与某个计划、某项实验抑或某种批判式的回顾吗？那么谈到女性，难道不会有人提出相同的问题吗？抛开这些不谈，一位男性到底能不能书写女性，能不能书写与自己全然对立的一方呢？我指的是写出一些恰当的东西——超越性别程式与怨恨，也超越幻想和理论。我不晓得谁会相信自己具有这种超然性，因为女性总是处于男性的影子范围内，所以男性极容易错将女性仅仅当作男性的影子。而当他想纠正这种误解之时，又会对她过分高估，认为她必有不可取代之处。故此，我在探讨本文主题的时候，会做最充分的考量。

有一点大概是不存在疑问的，也就是如下这种现实状况：今天的女性正与男性处在同一过渡期当中。此过渡期是否算是一个历史转折点尚不确定。如今这个时代偶尔看上去——尤见于回望历史之时——会有一方面可以拿来类比某些特定历史时期。彼时，大型帝国与文明均已迈过了各自的鼎盛期，并且正以不可挽回之势奔向瓦解。但是，如此类比有其欺骗性，因为复兴的情况是存在的。某些问题似乎更清晰地进入了主题范围，那便是欧洲那种介于亚洲式东方与盎格鲁-撒克逊式——或者应该说美式？——西方之间的中间处境。欧洲身陷两大巨人之间，后两者的形象都还不算完整，但在各自业已可辨的实质方面却彼此对立。它们在种族和理想方面都有着深度的差异。在西方，欧洲那种科技型文明走向的蓬勃势头不容忽视；而在东方，所有那些在欧洲把科技文明的萌芽逼入绝境的强权势力均被突破。西方的强权是物质层面的，而东方的强权则是精神层面的①。这种对立面之间的斗争，在欧洲的男性世界中发生在运用头脑的各领域里，表现在战场和银行资产负债表上；而在女性身上，这种斗争则是一场心灵上的冲突（seelischer Konflikt）。

当今欧洲女性的难题处理起来无比困难，因为现实状况是：我们非要书写的对象只不过

---

① 在本文首次发表后的30年间，"东方"的含义已经发生了变化，并且在很大程度上采取了"俄罗斯帝国"的疆域轮廓。由此以来，该国范围业已延伸至德国中部地区，但并未因此丧失其亚洲特征。

是个小众人群。从这个意义上讲，完全不存在什么"欧洲女性"，或者举例来说：今天的农妇与百年前的农妇不一样吗？人口当中有一个相当重要的基础人群，他们只在很有限的情况下才会生活在当下并分担当下之难题。所谓"头脑斗争"（Kampf der Geister）——有多少人会把它斗出结果呢？它又得到多少看客的充分理解和全情投入呢？所谓"女性难题"——有多少女性会有难题呢？与欧洲女性的人口总数成正比的是，真正生活在欧洲的当下的女性是个趋于消失的少数派，而且抛开这一点来看，她们还都是城里人，同时也是——谨慎一点来说——状态更为复杂的人。情况必然如此，因为永远只有少数人会把某种当下状态的精神清晰地表达出来。公元四、五世纪时，在基督徒这个多数派当中，只有很少的人对基督教精神有些许领会，其他人的水平还是相当于异教徒。带有任何当下特征的文明进程在城市中的进展最为集中，因为文明成形总是需要大量人员的集聚，同时文明的成就会由这些人群向规模更小、历史进程更落后的群体扩散。所以，我们只有在大中心才会找到当下，也只有在那里才会找到"欧洲女性"，也就是那些传递欧洲当下在社会与精神两方面风貌的女性。我们越是让自身远离大中心的影响，就越是在更大程度上返回到历史当中。如果我们来到一段偏远的阿尔卑斯山谷之中，就有可能找到从未见过铁路的人；而在应该还算欧洲一部分的西班牙，我们将浸没在字母体系不健全的黑暗中世纪当中。这些地区或是相应民众阶层的人并不生活在我们这个欧洲，而是活在公元 1400 年时的欧洲，而他们的难题也对应着他们所生活的早先时代。关于此类人士我曾做过分析，而且让自己回想起了某种不乏历史浪漫色彩的氛围。

所谓"当下",就是在人类大中心产生的一种薄薄的表层结构。如果它很薄弱,就像在较早期的俄国那样,那它就(如结果表明的那样)无足轻重;可是只要它达到特定的强度,人们就会谈到文明与进步,然后便会产生具有时代特征的难题。从这个意义上讲,欧洲是拥有当下的,同时,活在这种当下并苦于当下之难题的女性也是存在的。也只有这些人能让我们有话可讲。能从中世纪那里得到充足机会的人,就不需要当下及其实验。可是,身为当下之人,无论出于何种原因,不承受实质性的损失就不可能再回归过往。纵使人们做好了牺牲的准备,这种回归往往也是毫无可能。当下之人必须致力于未来,而坚守过往这件事就不得不留给别人去做了。所以说,他不单单是一名建设者,也是一个破坏者。无论他自身还是他的世界,都是存疑且两可的。由过往为他指明的道路以及对他提问的答复,都不足以应对当下的困境了。舒适的老路被封死了,无论出现新机遇或是产生新风险,都是过往不曾了解的情况。俗语说:疮好忘痛。人们从历史当中什么都学不到,所以,在当下之难题这方面,历史通常还是不会告诉我们任何东西。开辟新路一定会经过未被踏足的地方,不带有任何假设,可惜也往往缺乏诚心。道德是唯一无法得到改良的东西,因为传统道德的每一次改动都是一种字面意义上的不道德。这句俏皮话的沉重之处在于,它暗示着一种不容否认的感情现状。在这个问题上,已有一些革新者栽过跟头了。

所有当下之难题盘根错节,拧成一团,几乎不允许我们将某一问题拆开单论。所以说,脱离男性和男性世界的"欧洲女性"是不存在的。若她已出嫁,大多会在经济上依附于男性；若她自食其力且待字闺中，则会从事一份由男性打下基调的职业。如果她不愿牺牲自己的整个情爱生活，就会再次同男性保持某种实质性的关系。于是，女性出于五花八门的原因被不可松脱地同男性的世界拴在一起，也因此同他一样要去蒙受男性世界的所有动荡。以战争为例，它对女性的打击程度丝毫不次于对男性的打击，并且女性要跟男性一样处理战争的后果。过去二三十年翻天覆地式的变革对男性世界意味着什么已经是台面上的事了，报纸天天都在报道；相反，这些变革之于女性的意义并不一目了然。这是因为：无论在政治、经济还是头脑层面，她在任何观察距离下都不是一个醒目的因素。假使她是，她会引起男性更多的注意，因为到那时她就会被当作竞争者来对待了。她偶尔会做到这一点，但此刻的她也不过是被当作所谓"偶然落得女儿身"的男性而醒目。不过，由于女性通常待在男性私密的一侧，也就是他纯靠感受、没有肉眼或是不愿用眼观察的一侧，所以她在露面时会充当一个不透明的面具，人们会去猜想——不只是猜想，而且是确信看到——那面具背后一切可能与不可能的情况，就是不切中实质。人总是将自我心理也假定在他人身上，这一颇具原始色彩的现实状况为正确理解女性心理（die weibliche Psyche）带来了困难与阻碍。这种情况得到了女性的无意识性与不确定性的迁就，这两点在生物学上是有道理的——女性会让自己被男性的感情投射说服，这固然是人的一种普遍特性，但是它在女性身上还会多出一丝危险性——她在这一点上并不单纯无知，也就是说，让自己被说服很多时候甚至就是女性自己的意思。作为有独立意愿与担当的自我（Ich）待在幕后，这种做法合乎女性的天性，其目的非但不是阻碍男性，反而是要他兑现自己有关她的种种图谋。更确切地说，这就是一种性别模式，只是它在女性心灵（die weibliche Seele）中"开枝散叶"。女性用一种背后带有隐性意图的被动态度帮助男性达成自我兑现，并以此将他抓牢。与此同时，她也被自己的命运所裹挟，只因一点：为人作茧终自缚。

我承认，我此刻正在用不讨喜的言辞描写一段过程，这段过程本来也可以用优美的词句来歌颂。然而，一切自然的事物都有两方面，如果必须认清某些东西，就不能只看到其光明面，还得看到其阴暗面。

那么如果我们看到，女性自 19 世纪下半叶以来就开始学习从事各种具有男性特色的职业，参与政治活动，组建并领导各类协会，等等，我们就会察觉到一种现实状况：女性正准备同那种貌似无意识且被动的纯阴柔（nur weiblich）性别模式决裂，并把空位让给阳刚心理（die männliche Psychologie），也就是为自己作为社会的醒目一员奠定基础，同时再也不会为了拐弯抹角地——通过男性——满足任何私愿，或是在不如意时让他揣摩心思而一味地藏在"某某夫人"的面具后面。

诚然，向社会独立前进的这一步，是被经济及其他因素逼出来的一种现实状况，但它不过是一种表征，而非关键问题本身。这些女性的果敢和自我牺牲的本事确实值得钦佩，要是有人看不到这种争取带来的所有好处，那准是瞎了眼。但是，没人能回避一个现实状况，即女性正在从事具有男性特色的职业，以男性的方式求学和工作，从而做出一些即便不直接损害，至少也不太契合自身阴柔天性的事情。她确实做出了一些男性——除非他恰好是一位中国男性——几乎无能为力的事。难道他会去应聘保育员或是幼儿教师？当我谈到伤害的时候，我指的不完全是生理上的伤害，而主要是指心理上的伤害。女性的标志之一是可以出于对一个人的爱而做任何事。然而，由于爱上一样事物而干出大事的女性却是凤毛麟角，因为这并不符合她们的天性。把爱投向事物是一种男性特权。可是，由于阳刚和阴柔在人的天性中兼而有之，所以男性可以活得阴柔，女性也可以活得阳刚。然而，阴柔在男性身上是陪衬，阳刚在女性身上亦然。如果一个人过着异性气质的生活，就活成了自己的陪衬，在这种情况下，他/她的本性就会受委屈。男性应当过男性的生活，女性则过女性的生活。异性气质总是与无意识保持着一种危险的邻近关系。甚至可以说，无意识对意识（Bewusstsein）产生的效应具有异性特征是一种典型状况，譬如心灵（英文：anima 或 psyche）就是阴性的①,因为这一概念和全体概念都一样,产生于男性的头脑。(在原始人群中进行神秘主义教化就是男性的专属事务,与之对应的还有天主教神甫这个特殊职位。)与无意识零距离相邻会对有意识的过程产生吸引作用。这种现实状况就解释了人们对于无意识的那种羞怯乃至厌恶。它是意识的一种有效防御反应。异性气质有一种神秘魅力,伴随着羞怯,或许还有些恶心。正因如此,即使这种魅力不会化身为女人从外部与我们相遇,而是作为一种心灵效应由内而来,譬如以蛊惑的形式让人投入到某种情绪或情感当中,它仍然格外吸引人和迷人。然而,这个例子对女性而言却不具有标志

---

① "阴性"(weibliches Geschlecht)在这里具有双关意义:字面意义是指德语名词的一种语法属性(德语名词分为阳性、阴性和中性三种语法属性;本句中"心灵"原文为德文"die Seele",故此为阴性名词);内涵意义指女(雌)性。下文中"头脑"(德文:der Geist,亦有"心灵"之意)恰恰是一个阳性名词,与前文联系起来,就巧妙地传达了"阿尼玛"(Anima)的含义。——译者注

性，因为女性的情绪与情感并不会由于无意识而直接涌上心头，而是女性阴柔天性所自带的，所以这样的情绪和情感从来都不单纯，而是混带着不被承认的意图。由无意识涌上女性心头的东西是一种意见，它并不会直接破坏情绪。此类意见是随着对于有效真理的诉求而出现的，而且事实证明，它们受到有意识的批评越少，就会越发稳固长久地存续下去。这些意见与男性的心境和感情一样，有些朦胧，特定情况下甚至完全无意识，其固有特征也由此无从辨识。究其原因，是因为它们具有集体性和异性气质——与男性（如父亲）对它们的看法一模一样。

于是就有可能发生——而且几乎常常发生——如下情况：一位从事具有男性色彩职业的女性，其心智（英文：mind）会受到无意识的阳刚气质（Männlichkeit）影响，这一点她自己察觉不到，在她周边人看来却甚为明显。由这种影响形成了一种刻板的理智（Verstandesmäßigkeit），附带着种种所谓的原则和一整套辩护理由，那些理由不但永远不着边际、令人恼火，而且总是给莫须有的问题添油加醋。无意识的假设或意见是阴柔气质（weibliches Wesen）最糟糕的敌人，偶尔还会燃起一股堪称魔鬼般的激情，不但会惹恼男性并坏其兴致，还会逐渐掩盖阴柔气质的魅力与意义并迫使其成为陪衬，从而对女性本身造成极大伤害。这样发展下去，结果终将是深度人格分裂，也就是神经症（Neurose）。

当然，事情大可不必走到那种地步。不过，女性的心灵男性化（Vermännlichung）此前早已形成了人们不想看到的后果。女性虽然可以成为男性的好伙伴，却不懂如何进入他的感情世界。其原因在于：她的阿尼姆斯（Animus，就是她身上的男性化心智，绝非真正的理性）

已经阻断了她与自我感情世界之间的通路。还有一种可能,就是她为了不变成某种符合她身上男性化心智类型的偏阳刚的性别类型而变得性冷淡。要是这种抵御行为无效,在女性的预期性向位置上就会形成一种男性专有的、好胜而性急的性别类型。坚决与正在渐渐消散的男性气息强行搭建桥梁关系,这种反应同样是一种"有道理"的表现。第三种可能性在盎格鲁-撒克逊国家当中备受推崇,那就是在兼性同性性向(fakultative Homosexualität)中担当男性角色。

因此不得不说,每当阿尼姆斯的吸引力变得明显时,就格外有必要同异性有亲密关系。不少这种处境下的女性充分意识到这种必要性,于是引发了——反正死马当作活马医(faute de mieux)——另一个痛苦性并不低分毫的当下之难题,也就是婚姻难题。

传统上，男性被视为稳定婚姻的搅局者。这种说法源自早已过去的古代，彼时的男性尚有空闲追求各色消遣。但是今时今日，生活对男性的要求让人充其量也就能在剧场上见到唐璜这样的贵族公子哥儿。男性比以往任何时候都更好安逸，因为我们生活在一个属于神经衰弱和性无能的时代。男性没有更多精力去搞爬窗户和决斗那一套了。如果要在婚内出轨这条路上擦出点火花，那可得轻而易举才行。无论哪方面的代价都不可过大，因此找刺激也要见好就收。如今的男性十分害怕拿婚姻制度冒险。在婚姻关系中，他的信条通常是"能不动就不动"（quieta non movere），所以他赞成买春。我愿意赌上一切说：在浴场条件顶级、买春不受限制的中世纪，出轨之事比如今更为寻常。在这一点上，现在的婚姻可能比以往任何时候都更保险。可实际上，婚姻开始被人当作讨论对象了。要是医生都开始写书教人实现"美满婚姻",那这就是个坏兆头。无病之人不求医。可是,当下的婚姻的确变得有些不保险了——美国有平均四分之一的婚姻会走向破裂!在这方面引人注意的是:这一次的祸首并非男性,而是女·性·。猜疑与不安皆由她而起。这并不足为奇,因为战后欧洲的未婚女性多得让人不敢相信,以至于大洋彼岸要是毫无反应才真叫新鲜。如此"屋漏偏逢连夜雨"的情况必定会有种种后果。现在的问题不是那零零散散的几十个或自愿或不得已而单身的老姑娘,而是数以百万计的这样的人。对于这几百万人的问题,我们的法规以及社会道德给不出任何答案。又或者,教会能给一个令人满意的答案?是不是该建些巨型修女院来适当安置所有这些女性呢?要么就从警务层面放宽或特许卖淫?这显然不可能,因为这里涉及的既非圣女亦非妓女，而是普普通通的女性，她们的心灵诉求是无法找警察备案的。她们是同样想结婚的正经女性，要是此路不通，起码得有条近似的出路。碰上爱情这个问题，观念、制度和律法在女性心中的分量就更是远小于此前任何时候。如果正道走不了，那就走邪道。

早在公元之交，意大利有五分之三的人口是奴隶，也就是没有权利、可被买卖的人化资产。每个罗马人都被奴隶所围绕。奴隶与奴隶心理席卷了古意大利，每个罗马人都在自身无意识的状态下从内心上成了奴隶，因为罗马人生活在奴隶的氛围中，奴隶心理就会透过无意识的影响穿越到罗马人的心中。这样的影响没人能够抵挡。无论欧洲人的脑力水平有多高，他都不可能在非洲的黑人生活圈中"全身而退"，因为黑人的心理会在不经意间深入欧洲人的内心，而后者就会——负隅顽抗无济于事——无意识地成为黑人。非洲流传着一个尽人皆知的技术性说法，专用于此，叫"黑化"(going black)。在英国人眼里，生于殖民地而家族血统或许极显贵的人会"低人一头"，这倒不纯是因为英国人势利，其背后隐藏着种种现实状况。维吉尔（Virgil）的第四卷《牧歌》(die IV. Eclogue) 曾对罗马帝国莫名的忧郁和对于解脱的渴望有过动人的表述，那就是奴隶影响力的直接后果。而基督教这种可谓兴起于罗马下水道中的宗教，其爆发式传播——尼采称之为"道德上的奴隶起义"——则是一种突发反应，它将最底层奴隶的心灵放到了同神一般的恺撒的心灵平起平坐的位置上。与此相似但或许重要性较低的心理代偿过程在世界历史上常常重演。当某种社会畸态或心理畸态正趋形成的时候，也会有某种有悖于一切法规及预期的代偿正在酝酿。

相似的情况正在欧洲当下的女性身上发生。太多不被许可又不曾亲历的东西积蓄起来并产生作用。女秘书、女速记打字员、制帽女工……她们都在产生作用，其影响力经由数百万个地下渠道瓦解着婚姻的根基，因为所有这些女性的心愿并不是追求性刺激——那种事只有傻瓜才会当真——而是出嫁。那些"既得利益"的妻子将被逼出局，逼迫的方式一般不是吵闹和动粗，而是沉静的执念。众所周知，那种执念有如蛇的凝视，具有魔力。这向来都是女性的路数。

如今的已婚女性对于这种现状态度又如何呢？她们的意见大体还是那些旧观念，认为人们可以肆意出轨的祸根在男性身上，等等。由于这些过时的观念，她们可能会让自己妒火中烧。但这只是表面上的全部，实际还有更深层的效应。罗马贵族的自豪和帝国的深宫高墙都未能阻隔奴隶的感染力。同样，没有哪位女性能够摆脱暗中敲边鼓的效应，造成这种效应的，或许是她周遭的姐妹所带有的那种氛围，也就是那种由未体验过的人生带来的压迫氛围。未体验过的人生是一股毁灭性的不可抗力，轻柔却不手软。这让已婚女性开始对婚姻产生怀疑。未婚女性则因为期盼婚姻而笃信婚姻。男性同样笃信婚姻，这是他的安逸心和情感上对于制度的莫名信仰使然——制度在男性这里总是有成为感情对象的趋势。

现实感情中的女性一定会遇到具体问题，所以有一种情况不可回避，那便是采取避孕措施的可能性。孩子问题是人们坚守一段负责婚姻的主要理由之一。倘若这个理由不存在了，那么有些"不会发生"的现实状况就有可能发生了。避孕这种情况在那些借此获得"近似"婚姻关系的未婚女性身上尤为见效。不过，它在那些身为"包容者"(Enthaltene)的已婚女性身上也会见效,如我在拙文《作为心理关系的婚姻》[①]中所述,这些已婚女性拥有某些无法借由配偶满足或是不能被充分满足的个人诉求。说到底,这个理由对于全体女性都有无比巨大的效力,因为由此一来女性就不用为在妊娠期持续准备或是为孩子变多而犯愁了。像这样从天性的束缚当中解脱出来,意味着可观的精神力量得到释放,而这些力量不可避免地要去寻找用武之地。每当这样的一股能量找不到情投意合的目标时,它就会扰乱心灵上的平衡。找不到有意识目标的能量就会强化无意识,由此就会形成不安与猜疑。

此外,还有一种不可低估的情况,那便是对于性问题或多或少总算公开的讨论。这个一度鲜为人知的领域,如今已进入科学和其他各

---

① 收录于《当下的心灵难题》,第5版,1950年,全集第17卷。

方关注的热点范围。有些问题，以前在社会上完全无法听到，也说不出口，现在都有可能了。好多人学会了更自由、更诚实地思考，于是也懂得了那些问题的重要性。然而，对于性难题的讨论只是一个有些粗略的开头，它牵扯到一个深刻许多的问题，在该问题面前，开头的重要性会黯然失色，而这个问题便是两性间心灵关系的问题。我们将随这个问题走进真正的女性势力范围。女性心理是基于伟大的牵线者和破冰者——厄洛斯（Eros）的原则而建立的，而男性自古以来就被许以逻各斯（Logos）作为至高原则。厄洛斯这个概念可以用现代语言表达为心灵上的关系（seelische Beziehung），而逻各斯就是实在的利益（sachliches Interesse）。在平常男性的理解当中，本原意义上的爱情与婚姻制度是重合的，而超越婚姻就只剩婚内出轨或是具体的朋友关系了。而对女性来说，婚姻并不是一种制度，而是一种人与人的情爱关系——至少她愿意相信这一点。（因为她的厄洛斯并不单纯，它也允许加入其他不被承认的动机——譬如通过婚姻得到某种社会地位等，所以这条原则并不能一概而论。）女性会设想婚姻状态下存在一种排他性的关系，其排他性更容易为女性所忍受，且不会有要命的无聊感，因为女性可以——倘若她有的话——与子女或近亲保持与另一半那样亲近的关系。她与那些人没有性关系并无所谓，反正性关系对于她远不如心灵关系更有决定性作用。只要她跟另一半都相信他们的关系具有唯一性和排他性就够了。倘若他是那个"包容者"，尤其当他并未发觉另一半的排他性不过是善意谎言的时候，他会感到这种所谓的排他性令他窒息。实际上，女性会把自己分配给她的孩子以及有需要的家庭成员，从而保持多重亲密关系。假设她的配偶与其他人也有这么多段关系,她就会疯狂吃醋。可是大多数男性在情爱方面都不开窍,他们会犯一种不可原谅的理解错误,就是将情爱(Eros)与性爱(Sexualität)相混淆。男性以为,如果在性的层面得到了某位女性,就将她据为己有了。实际上,他对她的拥有程度低到不能再低了,因为对女性来说,只有情爱关系才真正起决定作用。对她而言,婚姻是一种顺带有性的关系。论后果而言,性是令人生畏的,所以把它安排到更安全的地方也有道理。可是,一旦它的危险程度降低了,其重要性也就降低了,于是关系便成了更主要的问题。而在这个问题上,女性会在男性那里碰到巨大的困难,因为关系问题牵涉到一个对男性而言黑暗且痛苦的领域。他不喜欢这个领域,除非女性是承受折磨的人,也就是说,除非他是"被包容者",或者换句话讲:除非女性能够设想自己同别的男性有染，进而变得自我分裂。到那时候，她成了有痛苦难题的人，于是他就无须正视自己的那个难题了。这等于给他卸下了巨大的包袱，因为在这种情境下，他本是一个贼，另一个贼比他早出手而被警察当场抓捕，他便阴错阳差地处在了有利的位置上。他忽然成了作壁上观的尊贵看客。而处在其他位置的男性，依然觉得讨论私人关系痛苦且无趣，恰似女性被另一半考问《纯粹理性批判》内容时的感受。厄洛斯之于男性可谓幽冥之地，它使男性被女性化的无意识纠缠，被"心灵"纠缠；反过来看，即便逻各斯算不上吓到女性或是令她憎恶，它对女性而言也是一套无聊到要命的哲思。

19世纪末期前后，女性确立了自身作为社交界独立因素的地位，以此开始对阳刚气质做出妥协。同样地，以弗洛伊德（Freud）的性心理学为肇始，男性创立了一门研究复杂现象的新型心理学，以此——虽然是迟疑地——向阴柔气质做出了让步。至于这门心理学在哪些方面得益于女性的直接作用——她们让精神治疗诊所门庭若市——可能就说来话长了。我这里谈的不单是分析心理学（die analytischen Psychologie），也是病理心理学（die pathologischen Psychologie）整体的开端。以《普雷沃斯特的女预言家》（Seherin von Prevorst）为发端的"重大"案例绝大多数是女性，她们会——尽管无意识地（？）——煞费苦心地展现自我心理，借此来戏剧性地展现具有复杂心灵现象的心理。豪夫夫人（Frau Hauffe）、埃莱娜·史密斯（Hélène Smith）和波尚小姐（Miss Beauchamp）以此获得了某种不朽性，就像那些值得嘉奖的被治愈者一样，是她们把一片圣地变得蓬勃兴盛。

在有关复杂心理的实证资料当中，女性来源的资料占比高到惊人。当女性的"用心"程度远高于男性时，这一点就更不足为奇了。他大部分时候光有"逻辑"就够了。一切类似"心灵的""无意识的"东西都令他反感；这些在他看来都是朦胧、模糊或者病态的。他要的是实在的、真切的东西，而不是那些不着边际或不切实际的感情和幻想。可对女性而言，知晓男性对于某件事的感受在多数情况下比了解事情本身更关键。在男性看来纯属徒劳和累赘的那一切，对于女性都是重要的。所以，将心理全貌呈现得最为直接和丰富的人自然是女性，好多事情在女性这里都能得到最清晰的感知，而在男性那里却是暗影般模糊难辨的后台过程，而且男性往往从不愿意承认它的存在。然而，与务实的协议和磋商正相反，人与人的关系恰恰会经过心灵那个中间区域，其跨度范围从感官与感受的世界一直延伸到精神方面，并且含有一些两方面兼而有之的东西，却不会因此丢掉它本身值得注意的特性。

倘若男性有心迁就女性，就必须敢于进入这一区域。女性受事态所迫学到一点阳刚气质，这样就不会让自己缩在一种老派的、纯天生的阴柔气质当中，像个精神上的婴儿似的，满目生疏地迷失在男性世界里；同样，男性发现自己也被迫形成了一点阴柔气质，也就是变得会从心理和情爱的角度看问题了，这是他无法回避的任务，除非他喜欢像个走投无路的小男孩似的，非要冒着被女性左右的风险，甘拜下风地追随走在前头的她。

对于纯阳刚和纯阴柔气质的人来说，传统的中世纪式婚姻就足够了，那绝对是一种值得赞许且在实践当中经得起多方面考验的制度。可是，当下之人感觉很难找到回归这种婚姻的路径，纵使有路也压根回不去，因为这种婚姻只有排除掉当下抛出的难题才会存在。毫无疑问，许多罗马人可以在面对奴隶难题以及基督教时对它们置若罔闻，在一种多少有些惬意的无意识状态下过自己的日子。他们做得到这一点，是因为他们不经历当下，只经历了过往。而对所有那些以为婚姻不含难题的人来说，不存在什么当下。不得不说，他们真有福气！当下之人只会发现，如今婚姻中有太多的麻烦。我曾听一位德国学者当着好几百位听众的面高呼："我们的婚姻都是伪婚姻。"我对他直言不讳的勇气表示钦佩。惯常情况下，人们会通过善意的建议间接指点他人的行为——以免挫伤理想。但对当下的女性而言——男性应当注意这一点——中世纪式的婚姻不再是什么理想了。女性固然会将这种怀疑同自己的反抗之心埋藏起来——有的女性已为人妻，因此感觉不守口如瓶会万分不妥；另一些待字闺中又过于贤淑，以至于无法十分坦然地认清自己的意向。然而，后天习得的那一点阳刚气质让这两类女性都不可能把传统形式的婚姻（"他是你的主宰"）当作绝对值得信赖的东西。阳刚气质就意味着了解自身需求，并为实现目标做出必要的行动。这一点一旦被认识到，其说服力就让人——心灵并不会受到暴力伤害——难以忘却。通过这种认识而学到的独立性和判断力都是正向的价值，而且会得到女性的如实感应。正因如此，它们不可能遭到女性的放弃。反过来，男性用不少力气乃至苦痛为自己的心灵取得了一点必要的洞察，他也不会再松手，因为他对赢得之物的重要性太过笃信了。

乍看上去，人们可能认为：上述因素会让男性和女性格外有条件打造美满婚姻。但是细打量之下，真相并非如此。首先产生的反而是一种冲突：女性从自身觉悟（Bewusstheit）出发所做的事情并不受男性器重；而男性从自己内心挖掘出的感受会激起女性的不快。这是因为双方挖掘出的并非美德或价值本身，而是一些相较预期品质低劣的东西，如果将其理解为个人任性或情绪的释放的话，我们有理由对其加以谴责——而通常情况也正如此。然而，这样做也有不对的一面。女性之阳刚与男性之阴柔都是低劣的，遗憾的是，就算完善的价值还是会附着一些低劣的东西。然而从另一方面看，阴暗面也是人格整体的一部分——强大者必有软弱之处，精明者必有愚钝之时，否则他会变得不值得信赖，并且降格为装腔作势的人。女性爱强大者的脆弱胜过爱他的强大，爱精明者的傻气胜过爱他的精明，这不是个古老的真相吗？可这就是女性爱情的要求，具体而言就是要个完完整整的男性，也就是说，不仅仅是男性而已，还要加上他的"负面"。这是因为女性的爱并不是感情用事——那只会发生在男性身上——而是一种人生意志，这种意志偶尔会无情到可怕，甚至能把女性逼到自我牺牲的地步。如果某个男性接受了这样的爱，他就无法回避自己的低劣面，因为他只能以自身的真实回应对方的真实。人的真实并非美好的表象，而是密切联结全人类的永恒人类天性的如实写照，也是我们大家共同见证的人类生活之起伏的写照。处在这样一种真实中的我们，不再是差异化的个人（拉丁文 persona 表示"面具"），我们会意识到人类共通的关联。不管我们个人在社会或其他方面有何不凡之处，当下之难题就这么跟我搭上了线，要是从我的角度来看，那与我本不相干——至少我是这么想的。可是，此刻的我不能再予以回绝；我有感觉并且明白自己乃是众人之一，打动别人的东西同样打动着我。在自己的强项上,我们不依赖他人,也跟他人没有联系,这方面我们有能力亲手打造自己的命运。相反,在我们的弱项上,我们会依赖他人并因此与他人有联系,而且此刻的我们会不由自主地成为命运的工具,因为此刻发声的并非个人的意志,而是物种的意志。

从双重维度的个人表象世界视角来看,两性在同化过程中赢得了一种低劣性以及——如果将其算作个人诉求的话——一种不道德的侵占效果。在社群生活的意义上则正相反,两性赢得的东西消除了个体孤立与隐藏私利的情况,有利于个体积极参与解决当下难题。

如果当下的女性因此而自觉或不自觉地通过精神独立或经济独立让严肃的婚姻凝聚性产生松动,其动机并非个人的情绪,而是一种远远凌驾于她的、以完整性为目标的人生意志,这种意志使她——每一位女性——成了它的工具。

婚姻制度（在宗教层面甚至是一种圣礼）展现了一种兼具社会意义与道德意义的价值，这种价值相当不容置疑，以至于要是该制度的松动使人感到失望甚至愤慨也在情理之中。人的不完美性永远是我们的各种理想共同发出和声中的一声杂音。可惜没有人活在那个或许值得期许的世界里，人都活在真实世界当中——在那里，善与恶在进行毁灭性的碰撞；在那里，无论有意或是无奈进行创造与建设，弄脏双手在所难免。每当有些事情出现重重疑问时，总会有人再三鼓着掌向我们保证：没事，一切正常。我要重申：谁要能这样思考和生活，他就是活在当下之外的时间当中。不管把哪一桩婚姻放在放大镜下审视，结果都一样：如果一桩婚姻当中没有外部的窘迫不堪来阻止和消除那种"心理",就会存在或多或少悄然松动的症状,就会存在"婚姻问题"——从种种难堪的情绪直到神经症和婚内出轨。可惜的是:那些仍能忍受无意识状态的人依旧无从效仿,就是说他们的良好示范感染效果不够,无法让较有意识的人再落到纯粹无意识的程度。

对于许多不必体验当下的人而言,笃信并坚持婚姻理想是格外重要的,因为在没有出现更好替代者的情况下破坏某种理想和某种无可置疑的价值,等于竹篮打水。因此,无论是否已婚,女性都会举棋不定。她无法明确站到反抗的一边,而是在不清不楚的猜疑中彷徨不前。当然,她不会像那位知名女性作家那样,百般试验之后,自己也进入了婚姻这个更安全的避风港,一转身就把婚姻奉为上上之选;而所有那些进不了港的就只能认命,同时虔心放下残念,了却余生。当下的女性并不会如此卑贱地处理问题。她的另一半没准可以道出些原委。

只要还有某项法条是为精准界定婚内出轨而存在，女性大概就不得不在猜疑中彷徨不前。可是法条懂得何为"婚内出轨"吗？它下的定义就是一成不变的真理吗？从心理学这个对于女性唯一可信的视角来看，"婚内出轨"其实和男性为了浅白表述爱情而臆造出的一切说法一样，是一种相当可悲的拼凑之作。可是对女性来说，那些不雅的律法套话——由不谙情爱的男性心智（Verstand）臆造而来，又被女性的意见心魔（Meinungsteufel）以讹传讹——不是重点，"婚内失贞""红杏出墙""给配偶戴绿帽子"也不是重点，爱情才是重点。只有笃信传统婚姻的人，才有可能做出那样伤风败俗的事，正如只有上帝的信徒才有可能真正亵渎上帝。质疑婚姻的人反而不可能破坏婚姻，而且条条款款对这样的人也无效，因为他/她感觉自己像使徒保罗那样，超越了律法，到达了爱情这一更高境界。但是，律法的信徒常常由于愚蠢、诱惑或是缺德而践踏他们的律法，于是，当下的女性便会怀疑自己是否最终也会同流合污。以传统角度来看，她和他们也是一丘之貉。这一点她必须明白，这样才会打破她内心的那座面子神像。如字面所述，有面子就是能让人看得见，也就是要符合公众的期待，换句话说，是戴上一个理想化的面具，简言之就是撒谎。良好的仪态并不算撒谎，但是当面子对人的心灵、对真实且由上苍安排的内涵形成排挤时，人们就成了基督徒口中的"被粉饰的坟墓"①。

---

① 该典故源自《圣经》中耶稣谈到法利赛人的"七祸"时所说的话："你们好像粉饰的坟墓，外面好看，里面却装满了死人的骨头和一切的污秽。"按照犹太风俗，坟墓外面要刷上石灰。后来基督教世界以"粉饰的坟墓"比喻某种事物金玉其外，败絮其中。——译者注

当下的女性已经意识到一个不容否认的现实状况：只有处在爱情当中的她，才会达到自己的巅峰和最佳状态。而懂得这一点又迫使她认识到另一点：爱情是超越律法的。可是，她个人的面子却又让她对此表现出愤慨之情。人们倾向于将这与舆论画上等号。而这可能还算是小问题，更糟糕的在于，这种意见还潜藏在女性的血液之中。它在涌入女性脑海时，会化作一种来自内在的呼声、一种良知，而这正是将女性困在绝境中的那股力量。她还没有意识到，她最个人的、最私密的所有物有可能同历史发生冲撞。这样的碰撞是她最不想发生的情况，也是最荒唐的情况。可毕竟谁又能充分意识到，历史其实并不在厚厚的书卷里，而是潜藏在我们的血液当中呢？大概只有那极少数的人吧。

只要女性过的是过去那种生活，她就不会

与历史发生任何碰撞。可是,她刚准备不动声色地避开某个统治历史的文明走向,就遭受到历史惯性的全力重击,而这出其不意的一击可能会打垮她,或许还会要她的命。她的犹豫和猜疑是可以理解的,因为她不仅仅陷入一种极度痛苦且遭误解的境地,落得与各种落魄和龌龊勾当为邻,甚至陷入历史惯性与上帝创世这两股世间强力的包围当中。

谁会为此责难她呢?大多数男性在面对要不要缔造历史这种近乎无解的内心冲突面前,不都会惯于"体面地顺从"(laudabiliter se subjecit)吗?归根结底,问题无非在于人们是否愿意不在青史留名,以此来缔造历史。将自己的人生这场实验推进到底,并以此宣告自己的人生并非续篇而是序篇,可谓背水一战。不敢背水一战的人缔造不出历史。传宗接代是一件连动物都会在意的事,而开宗立派却是人类的特权，是人类超越动物性的唯一证明。

无疑，当今女性的内心最深处正为这一难题所困。于是，女性身上流露出我们这个时代广泛固有的一种文明走向——塑造更加全面的人，同时也流露出对于意义和成就的渴望，还有对于无谓的偏向、无意识地遵循直觉以及盲目行事愈发反感的态度。尽管欧洲人的意识已经淡忘了许多事情，可他们的心灵并未忘记战争的教训。男性开始预感到，唯有精神能为他的人生赋予无上意义；女性同样越发明白，唯有爱能给予她更全面的形象。从根本上讲，双方都在找寻彼此间的心灵关联，因为爱情的圆满需要精神，而精神的圆满同样需要爱情。

女性感到婚姻不再是什么真正的保障了，因为如果她知道自己的配偶只是出于过分理智和怯懦才不去追随他那开小差的感情和思想，那配偶的忠贞对她有什么价值呢？如果她知道自己的忠贞只会让她满足于合法占有这项大权在手，却让心灵之花同时凋零，那这份忠贞对她又有什么价值呢？她预感到一种更高层次的忠贞的存在，那是一种兼顾精神与爱情的忠贞，它超越了人的软弱与不完美。或许她还会发现，那些软弱与不完美的东西——可以是一种令人痛苦的干扰，抑或是一条引人惶恐的歧途——必然具有对应其两可本质的双重意义。它们是通向平凡人性的下行阶梯，若是有人放弃了因其个人不凡而拥有的立足点，那么台阶的尽头将是无意识与迷失的泥潭；而守住本色的人，也只有能够下行到低于自身层次的尚未分化的人性当中，才将体会到自身存在的意义。还有别的东西可以最终将他从个人差异化造成的内心孤独中解救出来吗？还有别的东西会充当他与人类沟通的心灵桥梁吗？身居高位者将自己的财富分发给穷困者，前者由于高风亮节而脱离了人类，而且他越是忘我地、奋不顾身地为他人做事，他在内心层面就越是异化于人性。

"人性化"（menschlich）这个如此动听的词语，在其终极理解层面并不意味着任何美好、有品德或是智慧的东西，而是意味着低级的平庸。这正是查拉图斯特拉无法迈出的那一步，也就是成为"最丑陋的人"，成为真实的人。这份抗拒或者说畏惧证明了低级的吸引力与诱惑力之巨大。割除低级不是办法，而是表象，是对低级之价值与意义的实质性误判。其原因在于：没有低，何谈高？不见投影，何谈有光？不与恶相对照，善便无可生发。卡波克拉底（Karpokrates）说过："未犯之罪，无从洗脱。"这既是留给所有愿求正见者的一句深刻格言，也是留给所有别有用心者的一次绝佳机会。那些渴望在更有意识的，故此也是更完美的人身上并存的低级事物，却不是这种人纯欲望的对象，而是他忌惮的对象。

我此处所言并不适用于年轻人——那恰恰不是年轻人本该知道的东西；我的话适用于较为成熟的人，生活经验让他们具备进一步的意识。我们并不是倒退着经历当下的，而是在成长的同时才慢慢进入其中，因为没有过往就不存在当下。年轻人还没有经历过往，自然也不会经历当下。因此，他尚且成就不了文明，仅仅做到存在而已。较为成熟的长者已然跨过了如日中天的人生阶段，其优势和使命正是创制文明。

欧洲的心灵被恐怖的战争暴行撕得粉碎。就在男性全力修复那些外部损伤的同时，女性则在——一如既往无意识地——准备治愈内心创伤，为此她需要心灵关联作为自己最重要的手段。而这种关联最大的拦路虎莫过于中世纪式婚姻的封闭性，它使关联变成了彻底多余的存在。正如道德总要以自由为前提，关联的建立也只有在心灵上有距离的情况下才有可能。因此，女性会无意识地倾向于使婚姻松动，而非毁掉婚姻和家庭。这种横生枝节的做法何止是不道德，简直就是一种病态。至于该目标在个案当中以何种方式、方法得以实现，描述这个问题的病例报告一定会把卷宗塞到爆满。采取迂回路线，不给目标树立名号——这就是女性的方式，与自然界的方式如出一辙。对于不为人所见的不满之处，她会依照目标用相应的情绪、情感、意见和行动做出反应，这些反应表面上的荒唐、恶毒、病态——或者说冷血无情和肆无忌惮，会让不谙情爱的男性感到无比不自在。

女性这种拐弯抹角的方法具有危险性，可能会使她的目标名声扫地。因此，当下的女性同样向往更高的觉悟，向往意义以及目标名号的树立，目的是摆脱自身天性中那股盲目的活力。她在神智学（Theosophie）和其他所有可以接触到的非真切之物（Uneigentlichkeiten）当中找寻答案。若是身处任何其他时代，为她指明终极目标的应该都是当时处在统治地位的宗教。可是到了如今，宗教教义会把人们引回到中世纪，回到那种逆文明的无关联状态，这种状态正是所有可怕战争暴行的源头——它把心灵过于专一地留给了上帝，人就受到了过分的亏待。然而，就连上帝也无法在一个心灵养分不足的人类心中繁荣。这份饥渴之情会得到女性心灵的回应，因为将逻各斯划分开来并做了澄清的东西联结起来的正是厄洛斯。当下的女性正在面对一项宏大的文明使命,那或许意味着一个新时代的发端。

荣格手绘作品集

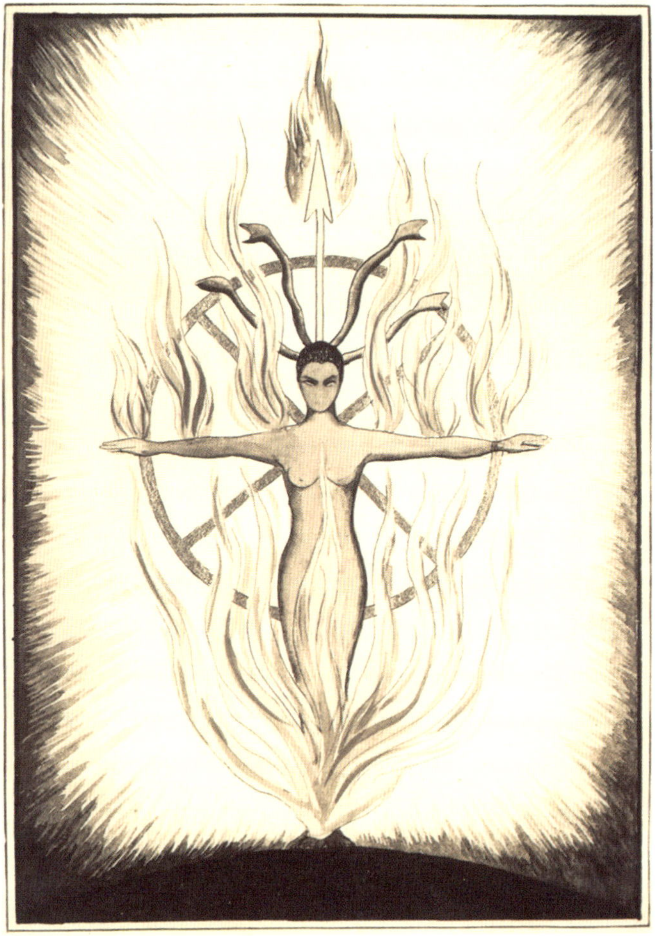

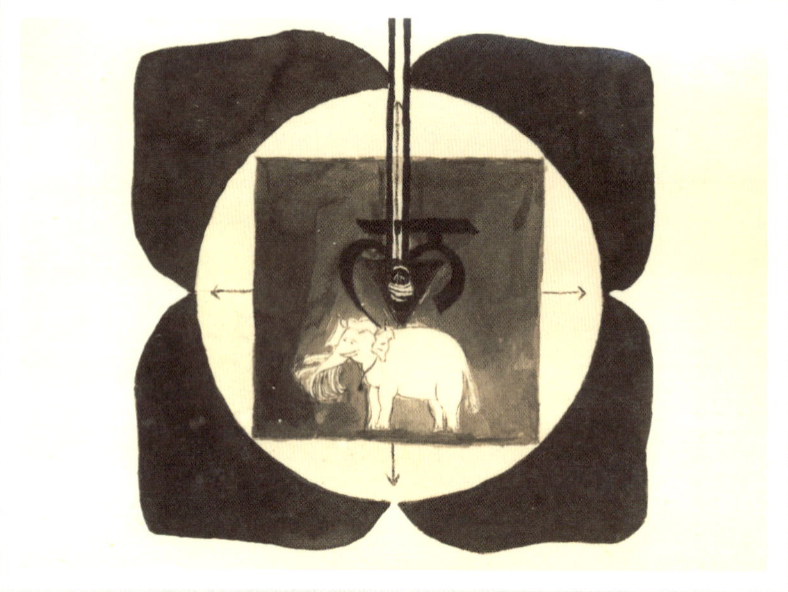

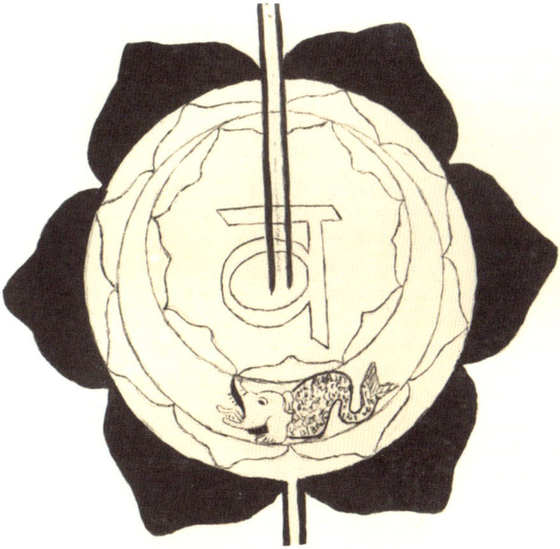
व

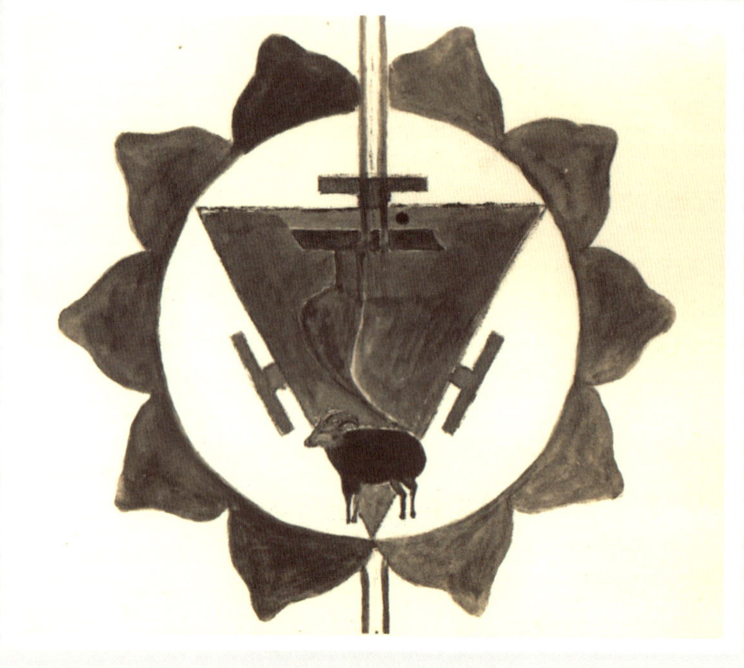

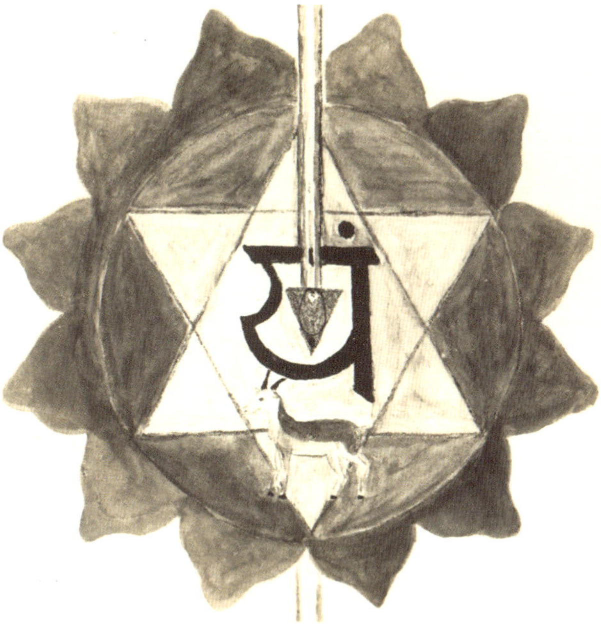
यं

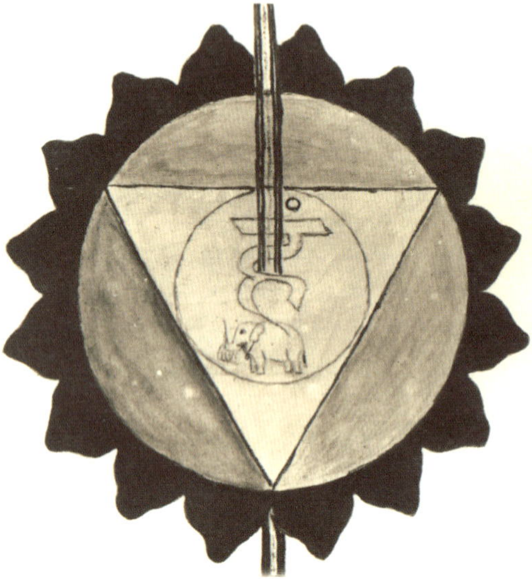

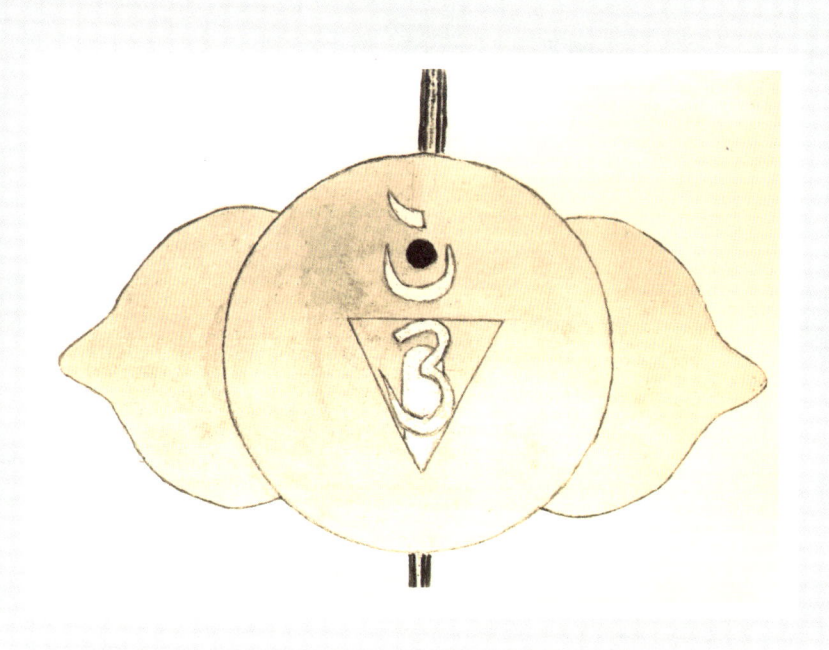

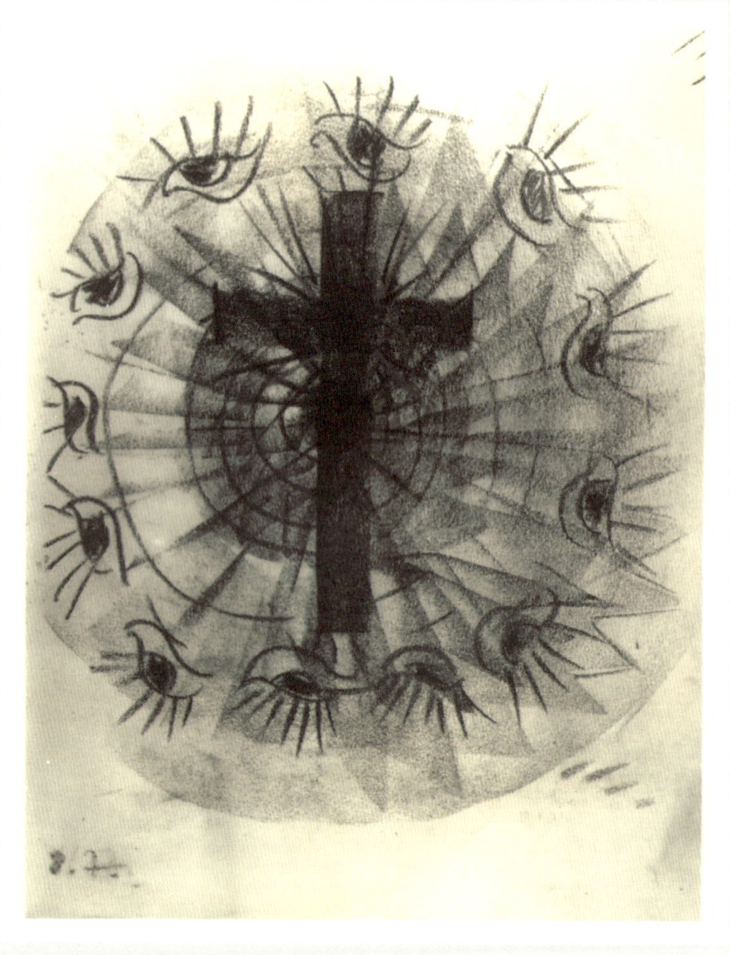

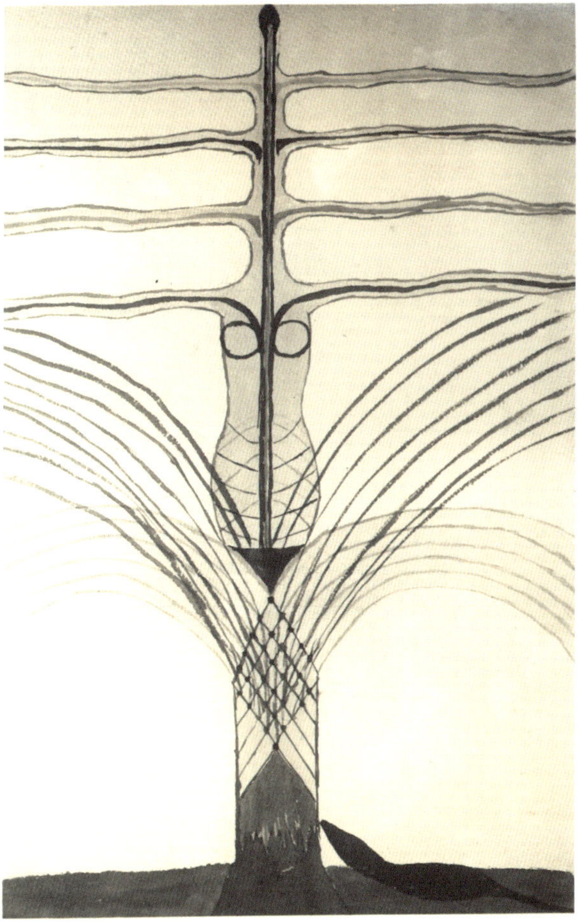

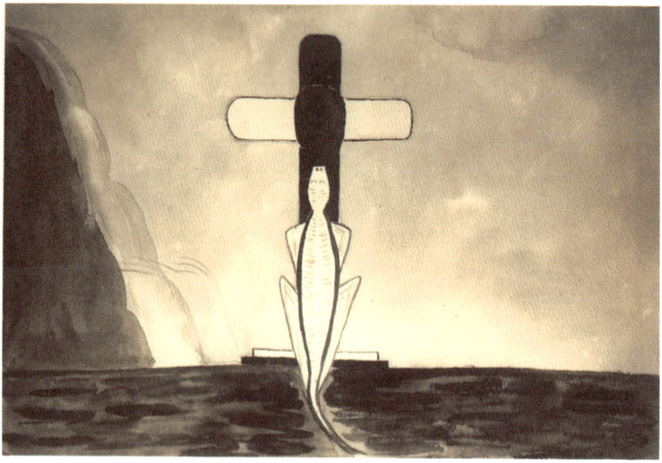

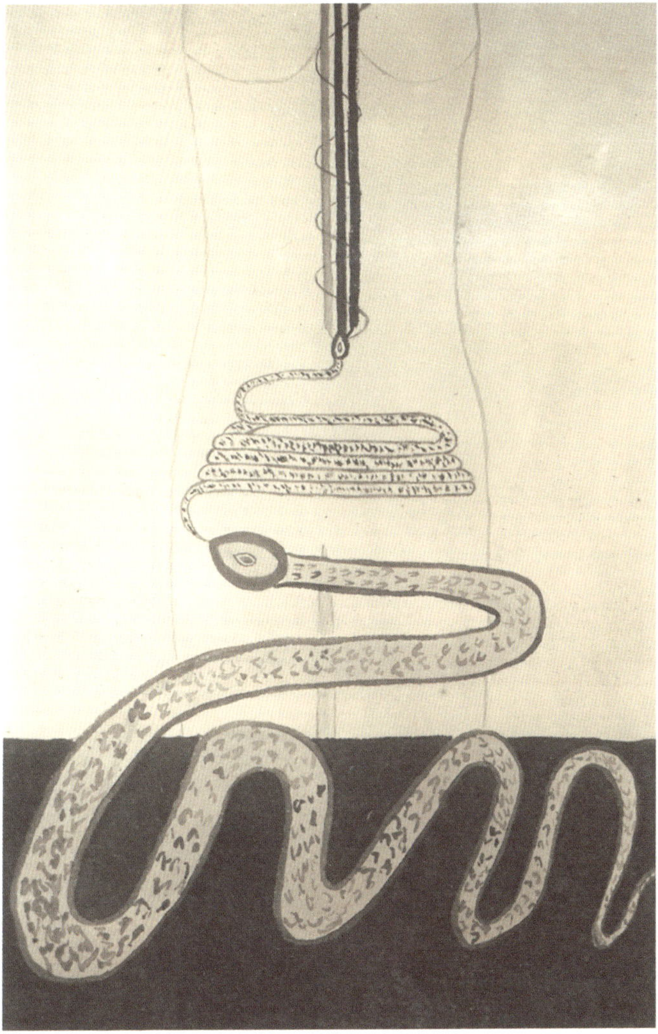

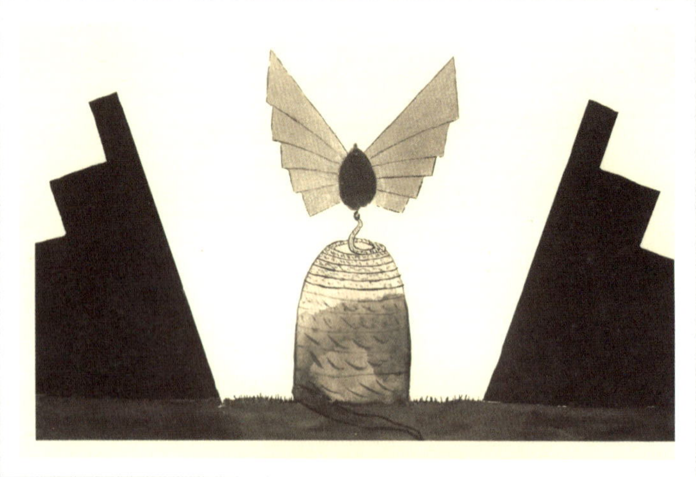

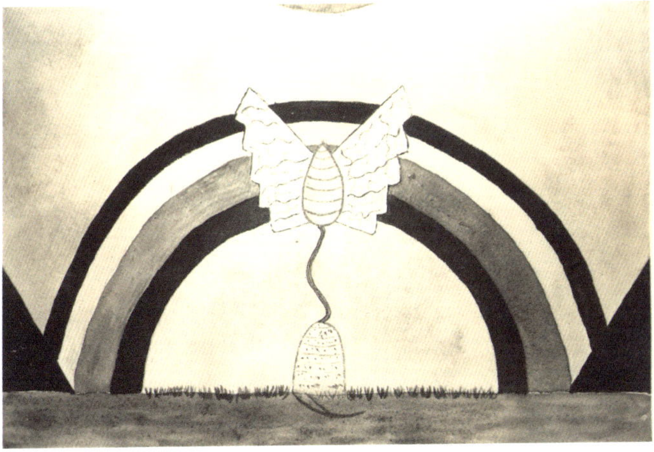

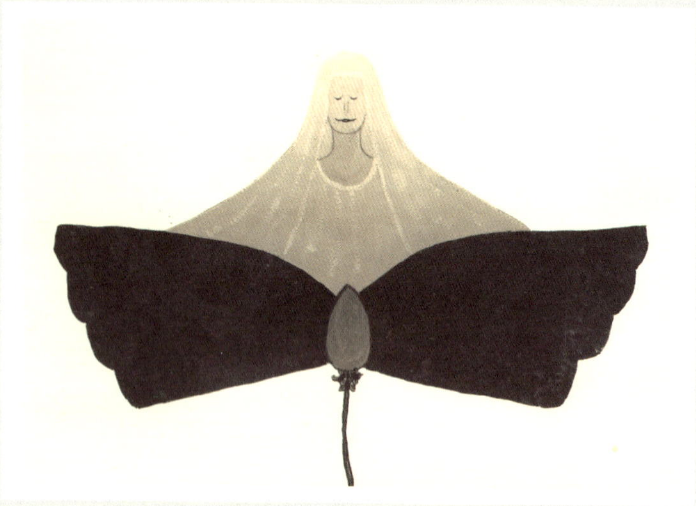

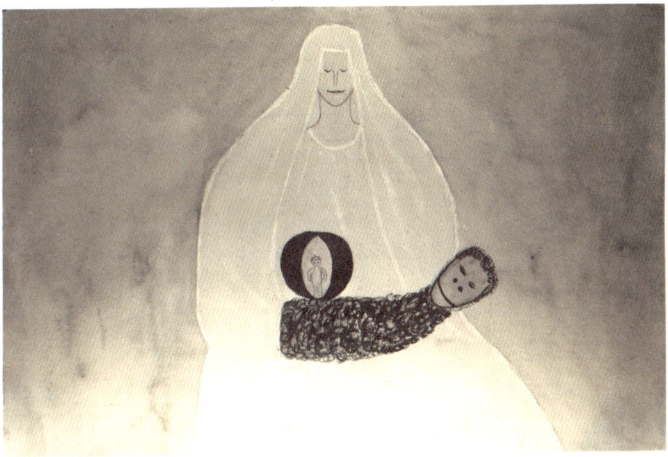

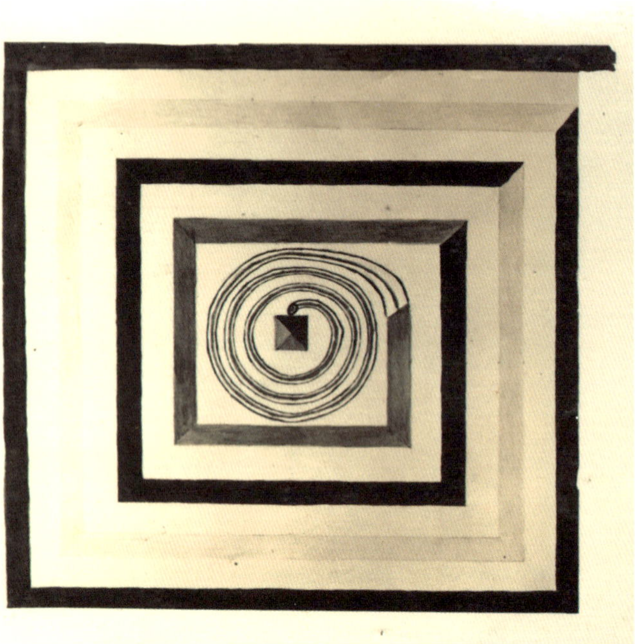

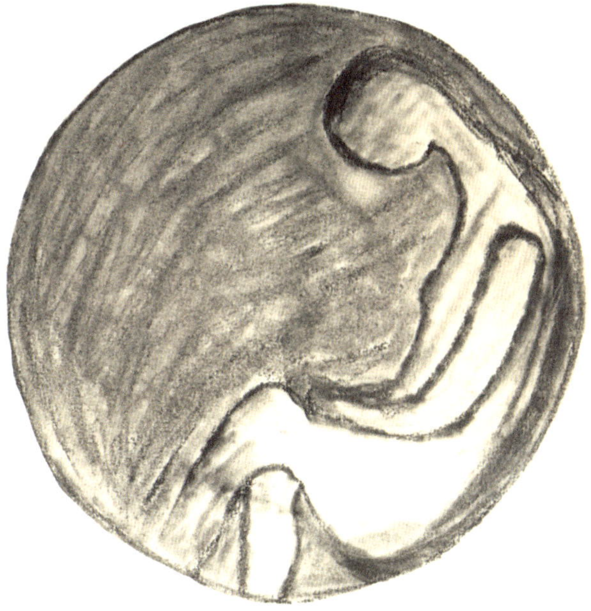

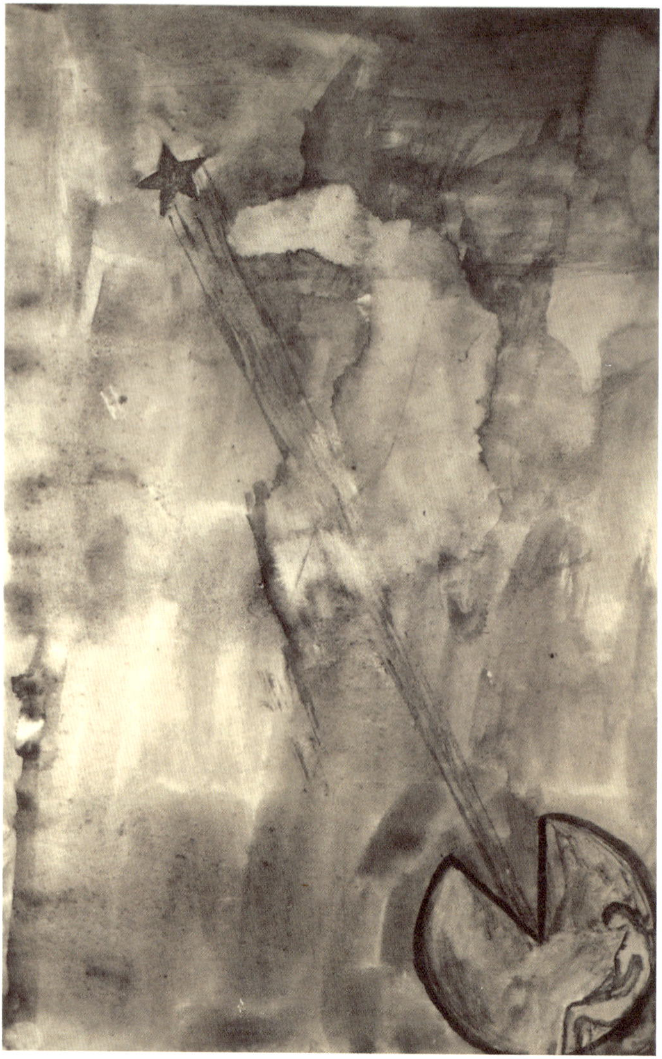

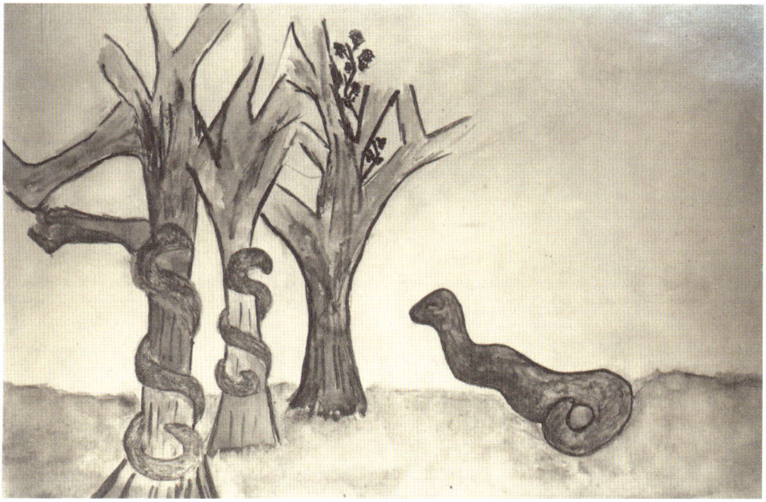

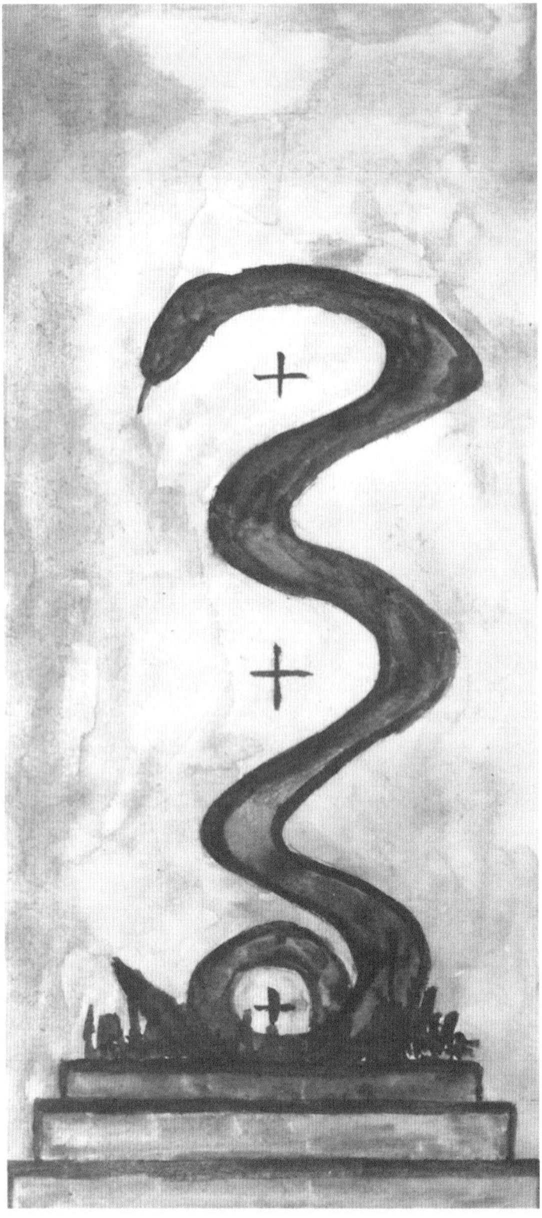

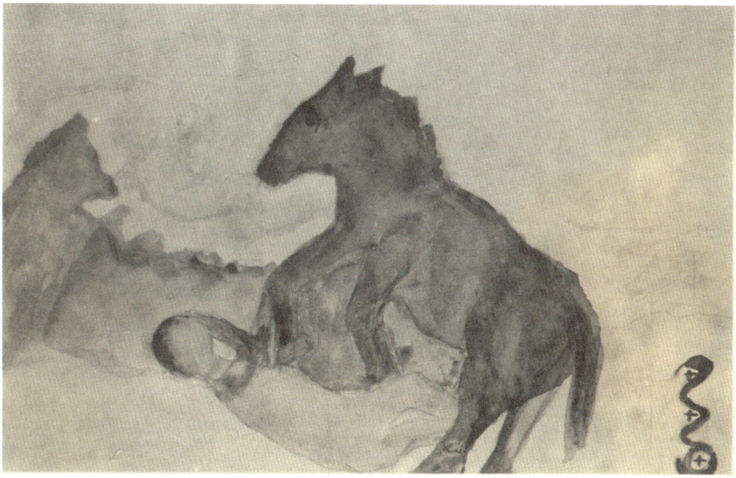

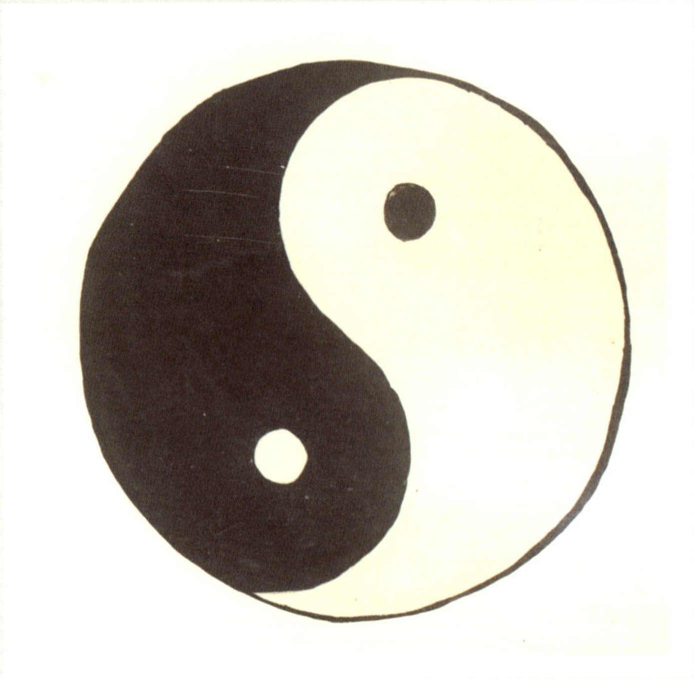

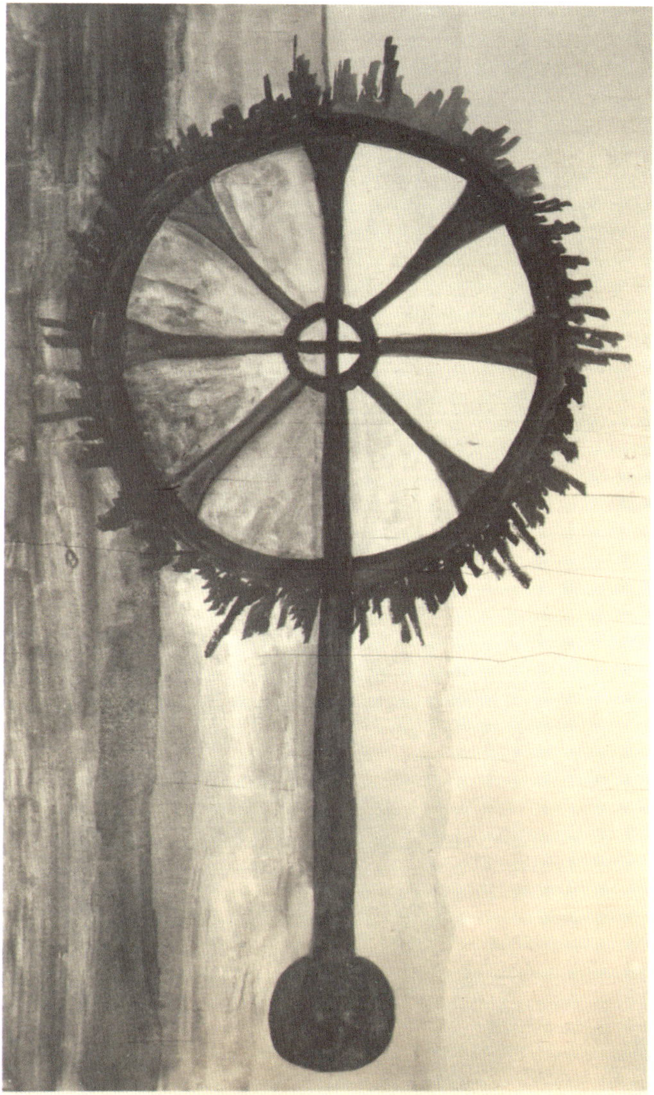

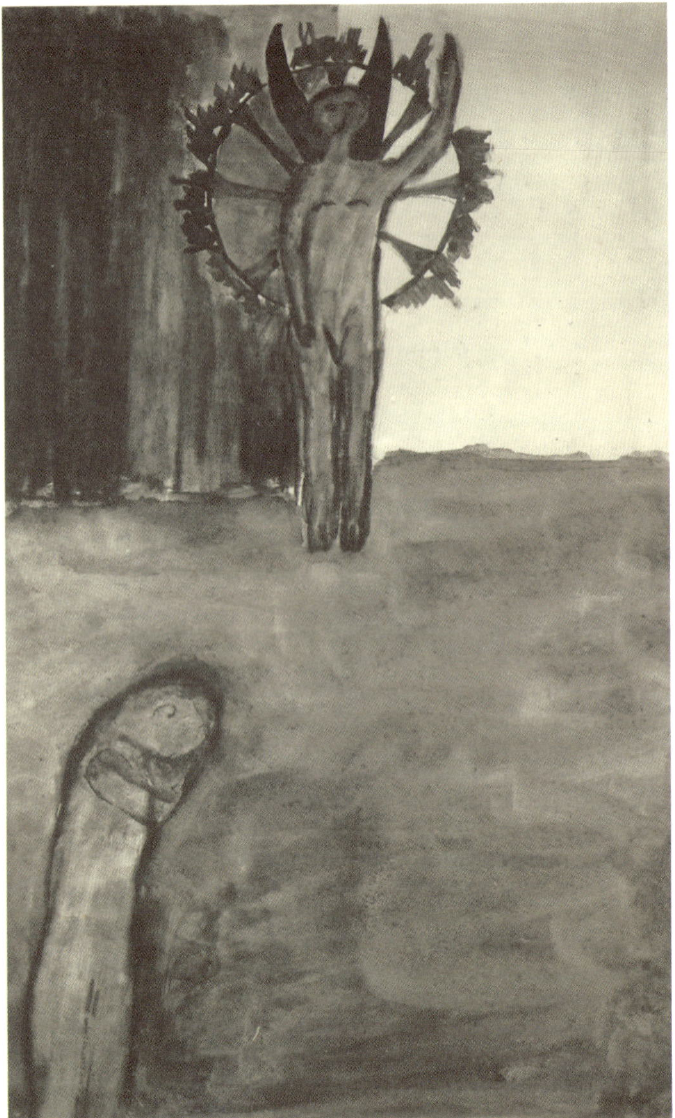

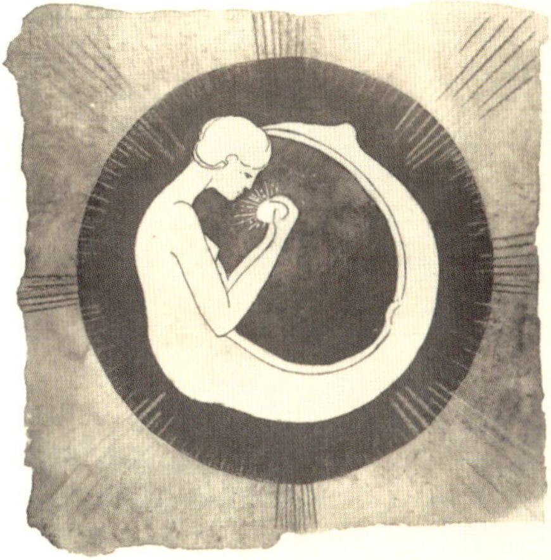

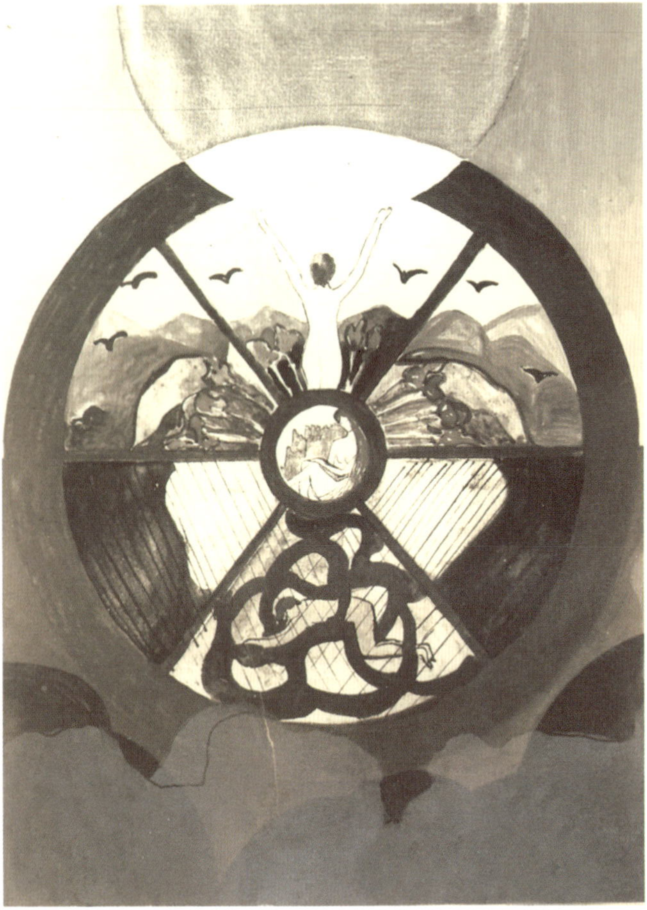

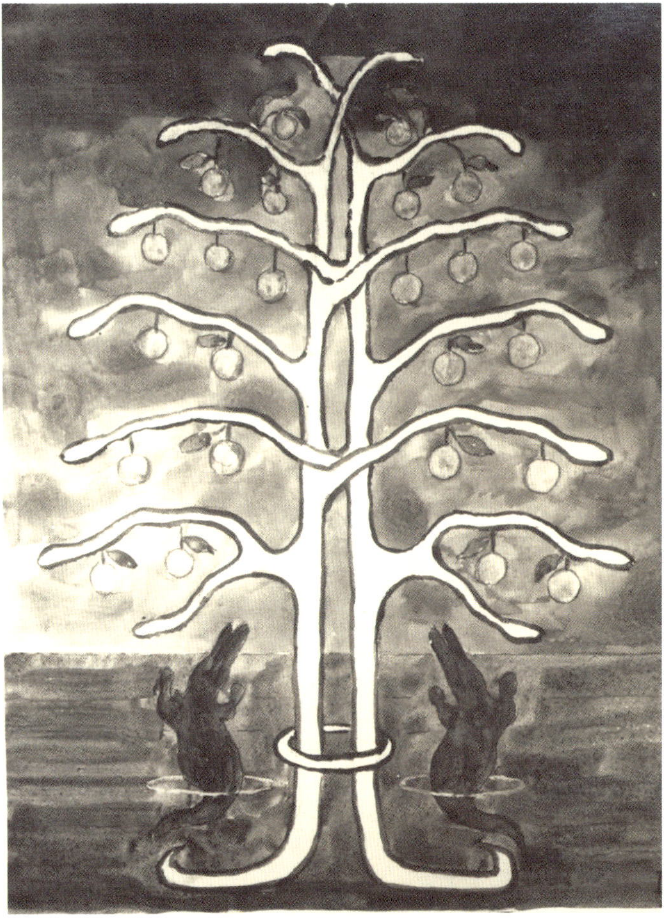

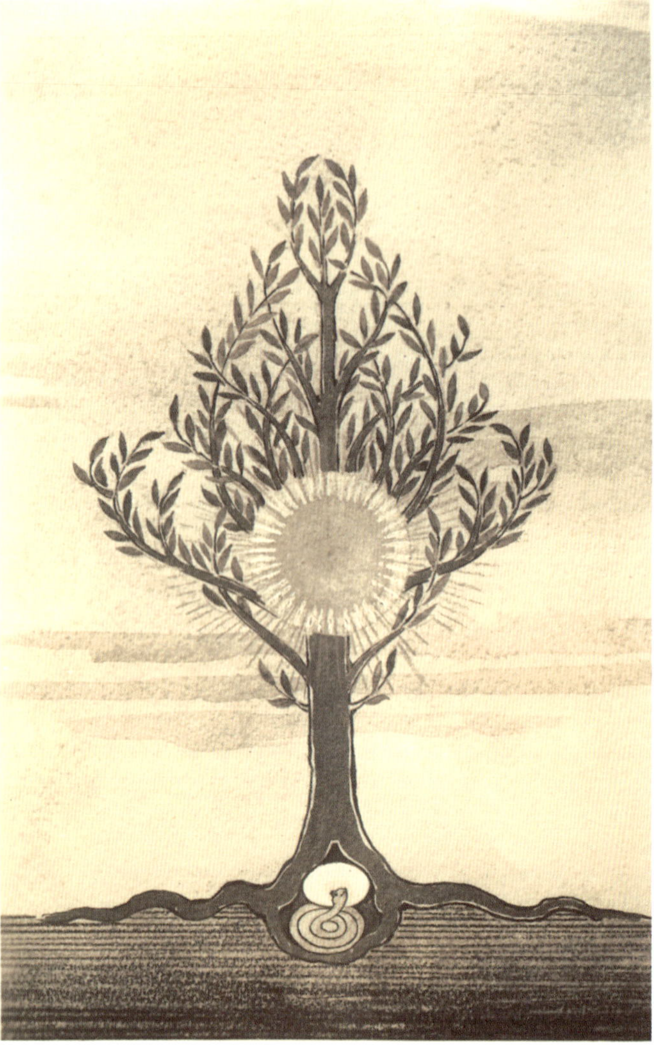

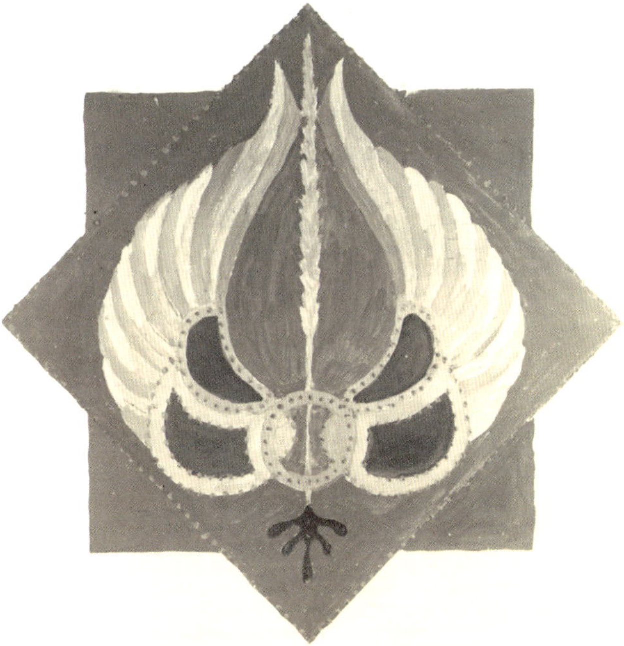

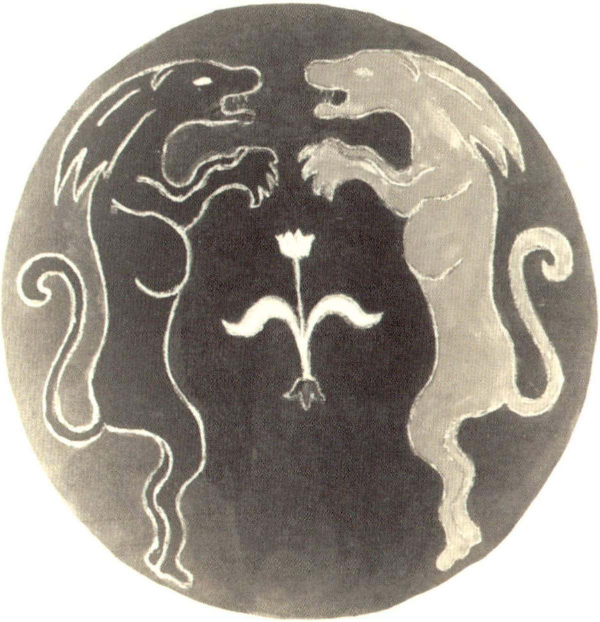

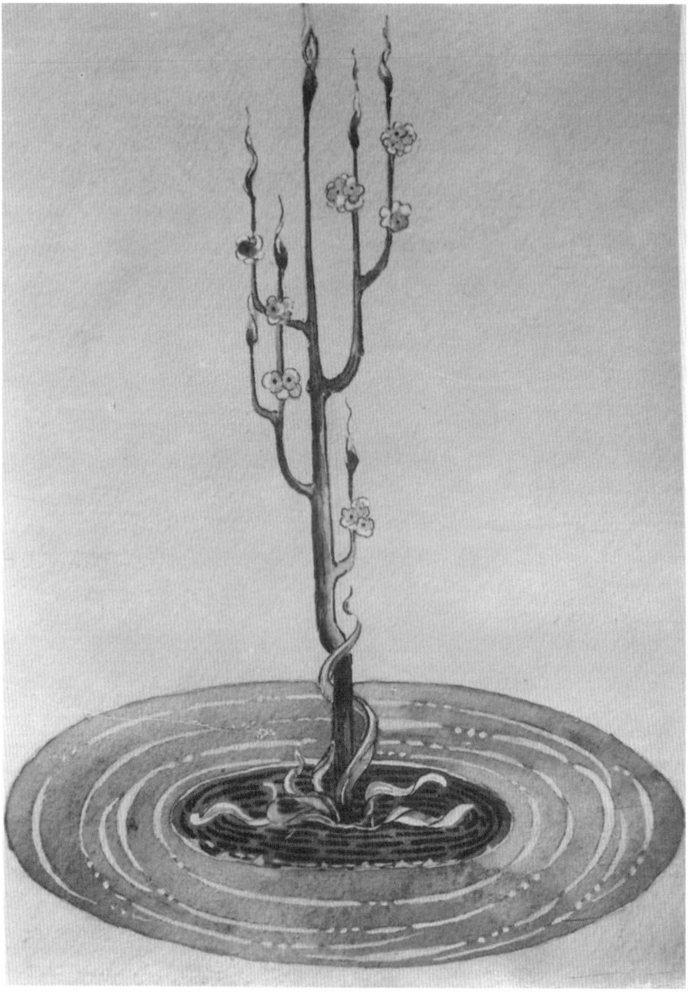

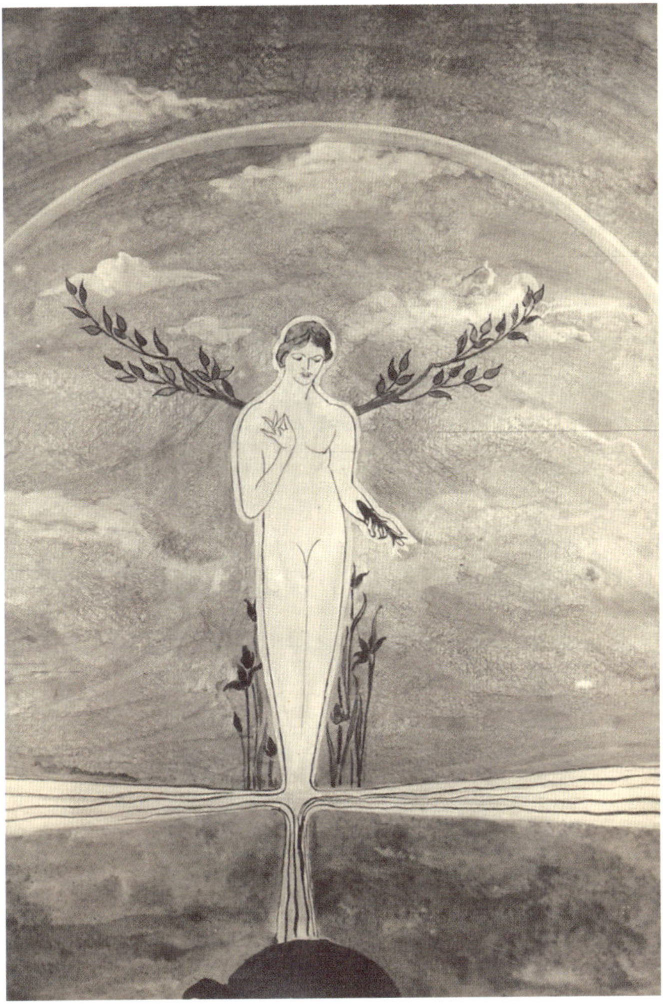

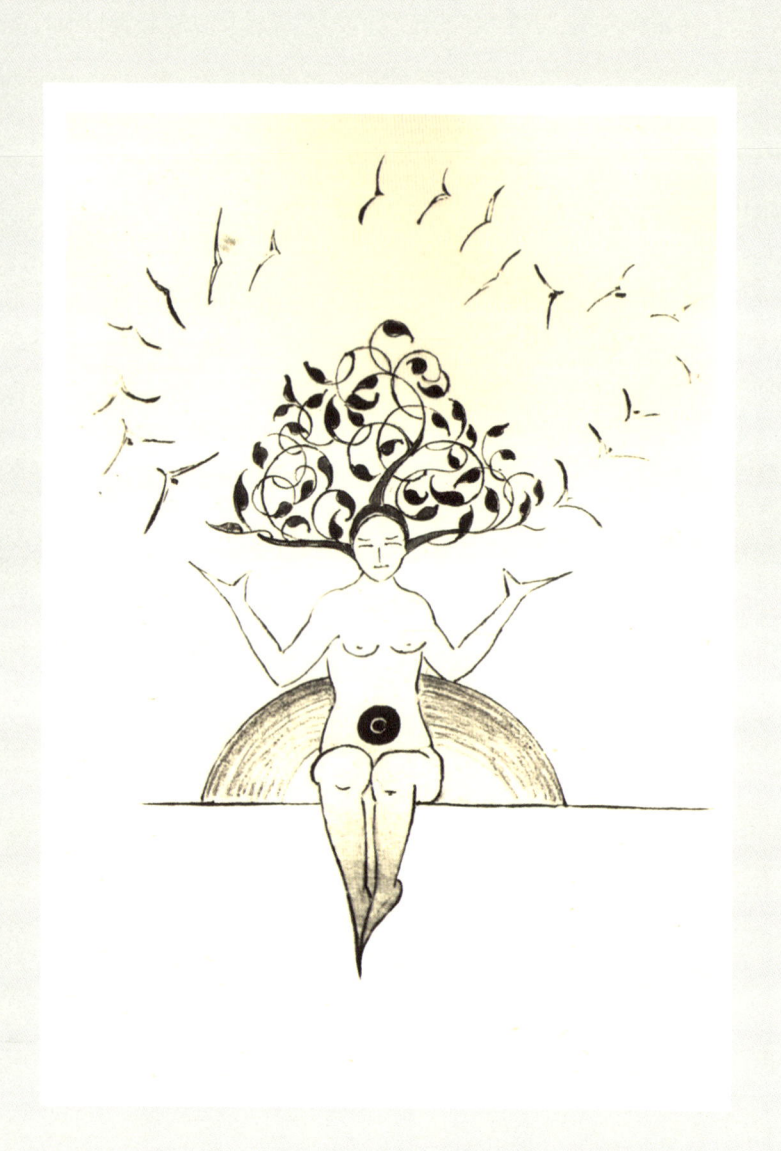

"Awake my Soul
   Stretch every nerve."

"I am the Game of the gambler."

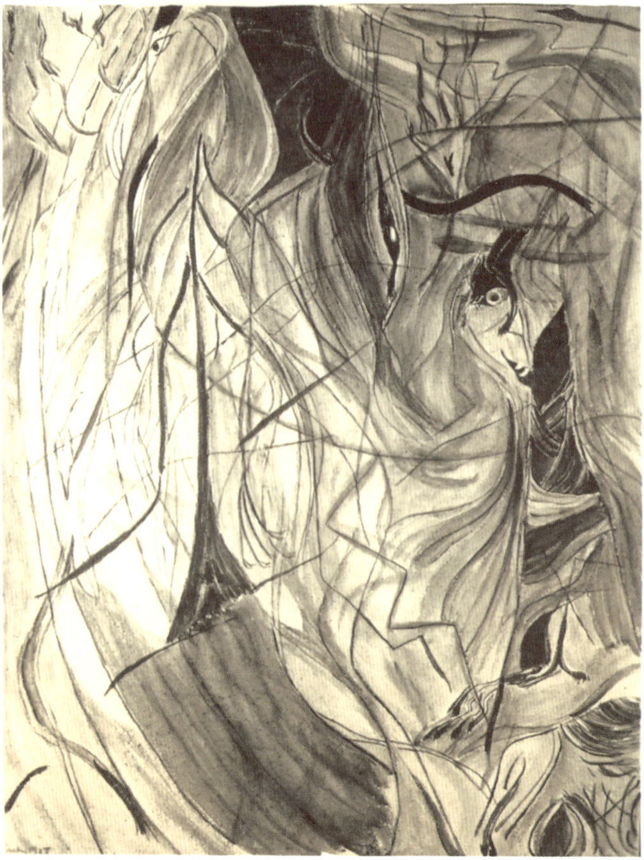

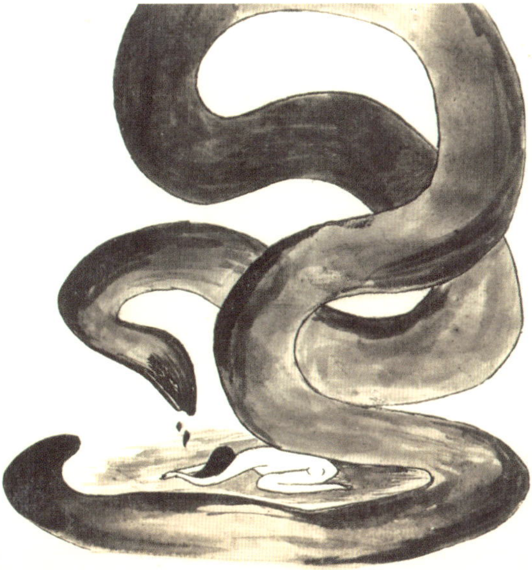